BEI GRIN MACHT SICH IHR WISSEN BEZAHLT

- Wir veröffentlichen Ihre Hausarbeit,
  Bachelor- und Masterarbeit

- Ihr eigenes eBook und Buch -
  weltweit in allen wichtigen Shops

- Verdienen Sie an jedem Verkauf

Jetzt bei www.GRIN.com hochladen
und kostenlos publizieren

Bibliografische Information der Deutschen Nationalbibliothek:

Die Deutsche Bibliothek verzeichnet diese Publikation in der Deutschen National-
bibliografie; detaillierte bibliografische Daten sind im Internet über http://dnb.d-
nb.de/ abrufbar.

Impressum:

Copyright © 2003 GRIN Verlag, Open Publishing GmbH
Druck und Bindung: Books on Demand GmbH, Norderstedt Germany
ISBN: 978-3-668-14011-0

Dieses Buch bei GRIN:

http://www.grin.com/de/e-book/283366/tourismus-und-tourismusforschung-ein-
historischer-ueberblick

Cornelia Haldenwang

Tourismus und Tourismusforschung. Ein historischer Überblick

GRIN Verlag

Tourismus und Tourismusforschung. Ein historischer Überblick

Cornelia Haldenwang

Inhaltsverzeichnis

1. Definition von Tourismus

Der Ursprung des Wortes „Tourismus", geht auf das Wort „tornus" aus dem Lateinischen und auf das griechische Wort „tornos" zurück, die mit den Begriffen Rundgang, Zirkel oder Wiederholung übersetzt werden können. Durch diese Herleitung wird der wiederkehrende, sich jährlich wiederholende Aspekt des Tourismus betont.

Im 17. und 18. Jahrhundert bezeichnete man mit dem Wort „Tour", was sich auch in dem Begriff der „Grand Tour" widerspiegelt, einen „Rund- oder Spaziergang". Das ursprünglich französische Wort „Tour" setzte sich aber in Deutschland nach dem deutsch-französischen Krieg (1870/71) nicht durch, so dass die Worte „Reise", „Wanderung" oder „Fahrt" häufiger benutzt wurden.

Der eigentliche Begriff „Tourismus" kam in Deutschland erst nach dem Zweiten Weltkrieg auf und war ein aus der französischen („tourisme") und englischen („tourism") Literatur entnommenes Wort, das langsam den Begriff des „Fremdenverkehrs" verdrängte.[1]
Der zeitweilig gebrauchte Begriff „Reiseverkehr" umfasst zudem die Aspekte des Umzugs von einem Ort in den anderen, die Flucht oder Auswanderung.
Das heute seltener gebrauchte Wort „Fremdenverkehr" wird in der Forschungsliteratur größtenteils als Synonym für „Tourismus" angesehen.

Manche Tourismuswissenschaftler unterscheiden aber auch zwischen den beiden Begriffen, indem sie unterschiedliche Schwerpunkte setzen, so dass bei der Anwendung des Bergriffs „Tourismus" die Mobilität des Einheimischen betont wird, während durch den Begriff des „Fremdenverkehrs" der Fremde, der für eine bestimmte Zeit in eine ihm unbekannte Gegend kommt, fokussiert wird. So bedeutet für Benthien der ältere, deutsche Begriff „Fremdenverkehr" „der in einzelnen Orten und Gebieten gehäuft auftretende zeitweilige Aufenthalt von Ortsfremden, die dorthin reisen, ohne damit Erwerbstätigkeit zu verbinden oder dadurch eine ständige Niederlassung zu begründen"[2].

Auch die Definition von Hunziker und Krapf schließt sich dieser Tradition der Betonung des „Ortsfremden" an. Sie verstehen unter „Fremdenverkehr" den „Inbegriff der Beziehungen und Erscheinungen [...], die sich aus der Reise und dem Aufenthalt Ortsfremder ergeben, sofern durch den Aufenthalt keine Niederlassung begründet und damit keine Erwerbstätigkeit

---

[1] Vgl. Benthien, 1997, S. 22.
[2] Benthien, 1997, S. 17.

verbunden wird"[3]. Diese Definition ist als fortschrittlich für die damalige Zeit anzusehen, da sie schon von einer gewissen Tourismuswirtschaft ausgeht, was durch die Begriffe „Beziehungen und Erscheinungen" angedeutet wird.

Diese Unterscheidung zwischen „Fremdenverkehr" und „Tourismus" ist jedoch nicht stringent, da in beiden Fällen die Mobilität des „Touristen" beschrieben wird.

Kaspar veränderte diese Definition des Fremdenverkehrs in eine Definition von „Tourismus" ab, in dem er u. a. das Wort „Ortsfremde" durch das Wort „Personen" ersetzte. Für ihn bedeutet „Tourismus [...] die Gesamtheit der Beziehungen und Erscheinungen, die sich aus der Reise und dem Aufenthalt von Personen ergeben, für die der Aufenthaltsort weder hauptsächlicher und dauernder Wohn- noch Arbeitsort ist".[4] Diese Definition gehört heute innerhalb der deutschen Tourismusliteratur mit zu den gängigsten Definitionen.

Mundt versteht unter „Tourismus" das Fortgehen für eine bestimmte Zeit aus einer „gewohnten Umwelt, bei dem die Rückkehr an den Ausgangspunkt von vorneherein feststeht und ohne deren Gewissheit man die Reise gar nicht erst angetreten hätte".[5] Für ihn umfasst „Tourismus" jegliche Art des Reisens wie beispielsweise den Verwandtenbesuch, die Geschäftsreise oder den „Besuch einer abendlichen Kulturveranstaltung in einer weit vom Wohnort entfernten Stadt".[6]

Die auf der Internationalen Konferenz der Welttourismusorganisation (WTO) im Jahr 1991 festgelegt allgemeine Definition des Begriffs „Tourismus" beinhaltet „die Aktivitäten von Personen, die sich an Orte außerhalb ihrer gewohnten Umgebung begeben und sich dort nicht länger als ein Jahr zu Freizeit-, Geschäfts- und anderen Zwecken aufhalten, wobei der Hauptreisezweck ein anderer ist als die Ausübung einer Tätigkeit, die vom besuchten Ort aus vergütet wird".[7]

Zusätzlich wurde von der WTO zwischen dem „Nationalen Tourismus", wozu der „Inlandstourimus", d.h. der Tourismus der Inländer innerhalb des eigenen Landes, und der „Auslandstourismus", d. h. der Tourismus der Inländer in andere Länder, unterschieden. Nach Festlegung der WTO gehören zum „Internationalen Tourismus" der „Auslandstourismus" und

---

[3] Hunziker, 1984, S. 48.
[4] Kaspar, 1991, S.18.
[5] Mundt, 2001, S. 3.
[6] Mundt, 2001, S.3.
[7] Opaschowski, 1996, S. 20.

der „Ausländertourismus" oder auch „Einreiseverkehr" genannt, womit der Strom von ausländischen Touristen ins eigene Land aus der Perspektive des Einheimischen gemeint ist.[8]

Freyer zeigt auf, dass sich im allgemeinen der Begriff „Tourist" gegenüber „Reisender" oder „Urlauber" behauptet hat, was auch an den Bezeichnungen „Tourist Information" oder „Tourist Office" deutlich wird, obwohl die Begriffsbezeichnung „Tourist" bei vielen mit einer negativen Konnotation behaftet ist. Beispielsweise stellt man sich unter einem Touristen einen ungebildeten, mit einer Shorts bekleideten und mit einem Fotoapparat „bewaffneten" Menschen vor.[9]

Zusammenfassend kann man feststellen, dass alle Tourismusforscher im Laufe der Zeit die mehrere Tage andauernde Erholungs- und Urlaubsreise zum „Tourismus" dazu gezählt haben. Ob die Geschäftsreise (aufgrund der Motive), der Studienaufenthalt in einem anderen Land (wegen der längeren Aufenthaltszeit) oder die Tagessausflüge (aufgrund der geringen Entfernung vom Wohnort und der kurzen Reisezeit) zum „Tourismusbegriff" dazugezählt werden, hängt von dem jeweiligen, von den Forschern favorisierten, weiter oder enger gefassten „Tourismusbegriff" ab.

Laut Freyer kommen die Fachleute aus der Praxis der Tourismusbranche zu dem Schluss, dass die Begriffe „Fremdenverkehr" und „Tourismus" nicht wie in der wissenschaftlichen Forschungsliteratur zumeist als synonym angesehen werden, sondern für sie ist die Schwerpunktsetzung beim „Fremdenverkehr" der „Nationale Tourismus", während der Begriff „Tourismus" den Gesichtspunkt des „Internationalen Tourismus" hervorhebe.[10]

Im folgenden Verlauf der Arbeit wird die oben zitierte Tourismusdefinition der WTO von 1991 verwendet und somit auch der Geschäftsreiseverkehr mit einbezogen, da sowohl der geschäftlich Reisende als auch der Urlauber oftmals die gleichen touristischen Angebote wahrnehmen.

---

[8] Vgl. Luft, 1996, S. 19-20.
[9] Vgl. Freyer, 2001, S. 70-71.
[10] Vgl. Freyer, 2001, S. 4; 399-401.

2. Historischer Abriss der Tourismusentwicklung

Folgendes Zitat von Benthien verdeutlicht die Voraussetzung zur Entstehung des Tourismus, den Drang nach Erholung[11], und verdeutlicht die heutigen Ausmaße des Tourismus, dessen historische Entwicklung, insbesondere innerhalb Deutschlands, in diesem Kapitel näher erläutert werden soll:

„Erholung ist ein grundlegendes Bedürfnis des menschlichen Daseins, und Tourismus macht heute für viele Menschen einen erheblichen Teil ihrer Aktivitäten in der Freizeit aus. Weltweit und zum Teil auch regional stellt die Tourismuswirtschaft einen der wichtigsten Wirtschaftszweige dar." [12]

Tourismus in der Antike

Die Anfänge des Fremdenverkehrs gehen bis in die Zeit der Antike zurück, wo es bei den Griechen einen aus Sportbegeisterung heraus betriebenen Tourismus zu den olympischen Spielen gab, bei denen sie sich erholen oder etwas erleben wollten. Zudem reisten sie weit, um verschiedene heilige Stätten zu besuchen.

Auch die wohlhabenden Römer der Antike besaßen Häuser zum Erholen in den ländlichen Umgebungen der Städte, machten weite Erholungsreisen zu Orten mit Thermalquellen oder unternahmen Handelsreisen.

Als Fortbewegungsmittel bei diesen Reisen dienten entweder Schiffe, Pferde, bzw. Kutschen oder die eigenen Füße.[13]

Tourismus im Mittelalter

Zur Zeit des Mittelalters war Tourismus gekennzeichnet durch Handelsreisen und religiöse Wallfahrten der europäischen Christen nach Rom oder der Angehörigen des Islam aus Südwestasien und Nordafrika nach Mekka. Dadurch entstanden in größeren Orten und an den Hauptwegen verschiedene Herbergen und Hospize, die als Anfänge einer touristischen Infrastruktur bezeichnet werden können. Umstritten in der Tourismusforschung ist, ob die im Mittelalter stattfindenden „Wissensreisen" der sogenannten Scholaren, die, um ihr Wissen zu vertiefen, von Universität zu Universität reisten, und die wandernden Handwerkergesellen dem Tourismus zuzurechnen sind, da manche Wissenschaftler eine engere Definition von Tourismus zugrunde legen und diese Art von Reisen aufgrund der beruflichorientierten

---

[11] Benthien bezieht sich hierbei auf den Kernbereich des Tourismus, die Urlaubs- und Erholungsreise. Vgl. hierzu Freyer, 2001, S. 400.
[12] Benthien, 1997, S. 7.
[13] Vgl. Freyer, 2001, S. 6.

Motive und der langen Reisedauer nicht zum „Tourismus" dazuzählen.[14] Nimmt man die Definition des „Tourismus" von Mundt als Basis, würde diese Art des Reisens durchaus mit zum Tourismus gezählt werden können.

Tourismus im 18. und 19. Jahrhundert – Anfänge des Massentourismus

Während im 18. Jahrhundert die Kavaliersreisen der jungen Adeligen, die auf „Grand Tour" gingen, indem sie aus persönlich motiviertem Interesse andere Kulturen und Landschaften kennenlernen wollten, vorerst zur Bildung der oberen Adelsschicht Europas gehörten, wurde es nach und nach auch für den Bürgerlichen möglich, Bildungsreisen oder Reisen zu Orten mit Heilbädern zu unternehmen. Literatur in Form von Reiseführern begleiteten die Urlauber.

Durch die Nachfrage nach Übernachtungsmöglichkeiten in den bevorzugten Urlaubsorten entstanden Gasthöfe, Herbergen und zudem private Übernachtungsmöglichkeiten bei Einheimischen.

An dieser Stelle seien auch die Forschungsreisen während dieser Zeit erwähnt, die oftmals die Phase der Kolonisierung einleiteten. Die Motive einer solchen Reise waren aber meist nicht nur Forschungs- und Eroberungsdrang, sondern auch „touristisch" in Form von Reise- und Abenteuerlust.

Im 19. Jahrhundert erforschten Wissenschaftler zunehmend die gesundheitlichen Vorteile des Meeres, so dass das Meer immer attraktiver wurde und Heil- und Kurbäder an den Küsten entstanden.

Zudem wurde die Schönheit der Schweizeralpen insbesondere durch Rousseau entdeckt und löste eine regelrechte Massenbewegung in die Alpen aus, wo man in der Abgeschiedenheit die Natur genießen wollte.[15]

Ende des 19. Jahrhunderts baute man deshalb beispielsweise an von europäischen Reisenden bevorzugten Küstenorten oder in den Schweizer Alpen größere Hotelanlagen und Pensionen, so dass dadurch eine räumliche Absonderung der „Fremden" zustande kam.

Der Ausbau des Straßennetzes in Verbindung mit der Erweiterung des Post- und Nachrichtenwesens und die Erfindung und Einführung des Dampfschiffes und der Eisenbahn

---

¹⁴ Vgl. Zimmers, 1995, S. 24-27; Freyer, 2001, S. 2.
¹⁵ Vgl. Opaschowski, S. 72-73; 77.

beschleunigten von nun an die Mobilität der Bevölkerung, und so konnten auch entfernt gelegene Orte besucht werden.

Insbesondere der Engländer Thomas Cook war darauf aus, die modernen Transportmittel wie die Eisenbahn oder das Dampfschiff für den Tourismus zu nutzen, um somit dem mittleren Bürgertum Pauschalreisen zu ermöglichen. Die erste Pauschalreise, von Thomas Cook organisiert, fand am 05.07.1841 mit der Eisenbahn zwischen den 10 Meilen auseinander liegenden Orten Leicester und Loughborough statt. Für einen geringen Preis organisierte er für reiseunerfahrene Menschen eine Reise, in der Hin- und Rückfahrt, Verpflegung und Unterhaltung inbegriffen waren. Da diese Reise erfolgreich war, wurden nach gleichem Muster weitere Reisen organisiert.

Durch die Errichtung von Reiseagenturen zunächst in England, einige Jahre später auch in Deutschland, konnten nun Pauschalreisen innerhalb Europas, aber auch nach Übersee organisiert werden. Das erleichterte auch den zahlreichen Auswanderern nach Übersee die Ausreise enorm.[16]

Tourismus des 20. Jahrhunderts

Im Zuge des 20. Jahrhunderts begannen die Menschen sich vermehrt für die Natur zu interessieren. Der Radwander- und Wanderurlaub und der Wintersport z. B. in den Mittelgebirgen oder Alpen rückten in den Blickpunkt, so dass vereinzelte Gasthöfe und Wanderhütten auch außerhalb der Städte gebaut werden mussten, um die Besucherströme beherbergen zu können.

In den ersten Jahren des 20. Jahrhunderts entstand eine Jugendbewegung mit Reisen zurück zur Natur im Zuge derer im Jahr 1901 ein Ausschuss für Schülerfahrten, „Der Wandervogel" genannt, gegründet wurde.

Bedingt durch den 1. Weltkrieg ging die Zahl der Touristen stark zurück, da vor allem die Bürgerlichen nicht mehr zur „Sommerfrische", d. h. zum ländlichen Sommerurlaub in ihr Landhaus oder in eine Ferienwohnung, fuhren.

Durch ein im Jahr 1918 erlassenes Gesetz, das es dem Arbeitnehmer ermöglichte, unbezahlten Urlaub zur Erholung zu beantragen, war es dem Arbeiter möglich, einmal im Jahr ca. drei bis sechs Tage Urlaub zu nehmen und gegebenenfalls das Fremdenverkehrsangebot in Anspruch zu nehmen.

---

[16] Vgl. Zimmers, 1995, S. 50-51.

In den 30er Jahren gab es innerhalb der neugegründeten nationalsozialistischen Organisation „Kraft durch Freude" erstmals bezahlten Urlaub. In den folgenden Jahren bis 1939 wurde mittels „KdF" ein staatlich organisierter Sozialtourismus, beispielsweise auf der Insel Rügen, betrieben, u. a. um ein nervenstarkes Volk zu erhalten.[17]

Nach dem zweiten Weltkrieg lebte der Fremdenverkehr langsam wieder auf und wurde zunehmend zu einer Massenbewegung.

Vor allem in den 50er und 60er Jahren fand ein Aufschwung im Tourismus statt. Der durch das sogenannte „Wirtschaftswunder" und des damit verbunden Einkommensanstiegs wurde die neu gewonnene Mobilität der Bevölkerung mittels eines eigenen Autos und durch wieder aufgebaute Eisenbahnlinien und Busverbindungen hervorgerufen. Während zu Anfang des „Wirtschaftswunders" noch Bahn und Bus als Reisetransportmittel dominierten, machte bald das eigene Auto den öffentlichen Verkehrsmitteln den Rang streitig. Freyer gibt an, wie die Mobilität der Bevölkerung durch private Pkws innerhalb von 35 Jahren drastisch angestiegen ist: Während im Jahr 1950 ein Auto auf 120 Einwohner kam, so stieg die Zahl der Pkws bis zum Jahr 1985 auf ein Auto pro zwei Einwohner.[18]

Durch den Bau von Flughäfen und die Ausweitung der Fluglinien, bzw. die Einrichtung von ersten Charterflügen, fand zudem eine Ausbreitung des Massentourismus weltweit statt.[19] Es zeichnete sich eine Entwicklung ab hin zu organisierten Reisen und zu weiter entfernten Reisezielen, bedingt durch das Flugzeug als Verkehrsmittel – der organisierte Massentourismus begann für nahezu alle Bevölkerungsschichten.

Es entwickelte sich der durch Reiseveranstalter organisierte Pauschaltourismus in Form von pauschalen Aufenthaltsreisen und Rundreisen bzw. Bildungsreisen, die ab den 70er Jahren als Studienreisen bezeichnet wurden. In den folgenden Jahren verschwanden diese starren Grenzen zwischen den Studien- und Aufenthaltsreisen. Sport, Spiele, Begegnungen mit dem Land und dessen Einwohnern, dessen Geschichte und Kultur einerseits, sowie das Strandleben, der Besuch von Bars etc. andererseits, wurde in beiden Reisekonzepten aufgenommen.[20]

---

[17] Vgl. Benthien, 1997, S. 18-19.
[18] Vgl. Freyer, 2001, S. 19.
[19] Vgl. Freyer, 2001, S. 10.
[20] Vgl. Günter, 1998, S. 13-14.

Die Reiseintensität, insbesondere die Tendenz zu häufigen, kürzeren Reisen nimmt weiter zu, was sich beispielsweise an dem breitgefächerten Angebot an „Last-minute-Reisen" und den Angeboten an Städtereisen deutlich zeigt. Seit den 90er Jahren nimmt der Tourismus eine besondere Stellung ein. Der Urlaub wird nicht mehr wie bis zu den 70er Jahren als Pendant zum Arbeitsalltag angesehen, sondern als „Höhepunkt des Freizeitlebens"[21]. Zudem kann man feststellen, dass sich in den letzten Jahren ein vermehrtes Bewusstsein innerhalb der Bevölkerung aus den Industriestaaten für Umweltprobleme im Urlaubsland breitmacht, so dass der Trend zu „Natur-Erlebnis-Reisen" in einer unversehrten und unberührten Natur zunimmt, obwohl die Schere zwischen Wahrnehmen der Umweltproblematik und dem umweltbewussten Handeln im Urlaub immer noch weit auseinanderklafft.[22]

Auf der Konferenz der Vereinten Nation für Umwelt und Entwicklung einigten sich 1992 in Rio ca. 170 Länder, das Konzept der „nachhaltigen Entwicklung" insbesondere im Bereich des Tourismus einzuführen. Für Angela Merkel beinhaltet dies, „die Verbesserung der ökonomischen und sozialen Lebensbedingungen mit der langfristigen Sicherung der natürlichen Lebensgrundlagen in Einklang zu bringen"[23].

In den letzten Jahren lässt sich im Zuge des höheren Ausbildungsgrades der Bevölkerung eine neue Art des Kulturtourismus feststellen. Dieser stellt nicht vorwiegend die der Vergangenheit angehörende Kultur eines Landes in den Vordergrund, sondern das „Erleben und Genießen gegenwärtiger Kulturelemente und dies häufig im Rahmen anderer erlebnis- und aktivitätsgeeigneter Reiseformen wie etwa dem Wandern oder Fahrradfahren"[24], um somit auch dem Umweltbewusstsein Ausdruck zu geben.

Legt man die einzelnen Stufen der Bedürfnishierarchie nach Maslow (1943) zugrunde, in der es zwischen den existentiellen Grundbedürfnissen auf der niedrigsten Stufe bis hin zu Entwicklungsbedürfnissen, d.h. um den Bedarf an Luxus etc. geht, befindet sich unsere heutige Gesellschaft in Deutschland auf der obersten Stufe: Reisen dient nicht mehr nur der Sicherung des Einkommens in Form von Handelsreisen, als Pendant zum stressigen Arbeitsleben oder der Pflege von zwischenmenschlichen Kontakten in Form von Verwandtenbesuchen etc., sondern gehört zum Lebensstandard und Ansehen innerhalb einer

---

[21] Becker u. a., 1996, S. 18.
[22] Vgl. Becker, S. 18-19; 84.
[23] Merkel, 1997, S. 178.
[24] Günter, 1998, S. 15.

„Wohlstandsgesellschaft", in der man durch Reisen den Drang nach Selbstverwirklichung, Vergnügen und Glück stillen möchte.[25]

Einen deutlichen Anteil der reisenden Bevölkerung machen zunehmend ältere Menschen über 60 Jahre und Jugendliche aus, die oft innerhalb von gleichaltrigen Gruppen verreisen, so dass in Zukunft die Reiseangebote auf diese speziellen Reisegruppen zugeschnitten werden müssen. Die Steigung der Zahl von Einzel- und Zweipersonenhaushalten führt in der Zukunft zu einer weiteren Nachfragegruppe an Reiseangeboten, die größtenteils, bedingt durch eine vollzeitige Tätigkeit im Berufsleben, überwiegend mehr Geld als Zeit zur Verfügung hat und somit „durch ihr geändertes Konsumverhalten neue Akzente setzt und damit zum Trendsetter auch für weite Bevölkerungsteile werden können"[26].

Obwohl im allgemeinen in den letzten Jahren die Reiseintensität kontinuierlich zunimmt, gab es nach Informationen des „World Travel & Tourism Council" (WTTC) einen Rückgang innerhalb der Tourismusbranche nach dem Anschlag am 11. September 2001: So fiel die Zahl der Reisenachfragen weltweit im Jahr 2001 und 2002 um ca. 7,4 %. Laut Aussage des Präsidenten des WTTC, Jean-Claude Baumgarten im September 2002, würde sich die Tourismusbranche aus Erfahrung früherer Katastrophen heraus recht schnell wieder erholen, so dass er einen Aufschwung der Tourismusbranche für das Jahr 2003 prognostiziert.[27]

Eine Umfrage zu Anfang dieses Jahres im Zuge der Internationalen Tourismus-Börse (ITB) im März in Berlin macht jedoch deutlich, dass ca. 50 % der Deutschen in diesem Jahr voraussichtlich weniger als bisher für ihren Urlaub ausgeben werden. Nach Angaben des Vorstandsvorsitzenden der Thomas Cook AG, Stefan Pichler, liegt dies u. a. an dem gefürchteten Irakkrieg und die in diesem Jahr befürchtete wirtschaftliche Rezession.[28]

4. Forschungsstand[29]

Die Tourismusforschung beschäftigt sich insbesondere mit den Auswirkungen, die Urlauber aus den reichen Industriestaaten beispielsweise auf die ärmliche Bevölkerung verursachen. Die einheimische Bevölkerung in den bereisten Ländern verspricht sich zumeist materielle Vorteile durch den Tourismus, um den Preis, ihrer relativ ungestörten, traditionellen Lebensweise und ihrer kulturellen Identität. Vor allem die einzelnen Regierungen der

---

[25] Vgl. Freyer, 2001, S. 54-56.
[26] Luft, 1996, S. 34.
[27] Vgl. Gastro Facts online. „Ein Jahr nach dem 11. September".
<http://www.gastrofacts.ch/news/branche/data/2002/09_02/september_2002_05.htm> (10.04.03).
[28] Vgl. Noack, 2002, S. 1.
[29] Vgl. Zimmers, 1995, S. 91-98.

Entwicklungsländer heben stärker die Vorteile des Tourismus für die Wirtschaft und Infrastruktur hervor, ohne die enormen durch den Tourismus verursachten negativen Folgen für die Umwelt und die Menschen mit ihrer Kultur, in den Vordergrund zu stellen.[30] Die Gefahr der Einflussnahme der reichen Touristen auf die einheimische Bevölkerung drückt Freyer treffend mit den Worten aus: „Entwicklungsländer werden zu einem großen Zoo für westliche Touristen."[31]

Bisher gibt es noch keine allgemein anerkannte, einheitliche Theorie des Tourismus, bzw. Theorie des Fremdenverkehrs, die die einzelnen wissenschaftlichen touristischen Theorien der Teildisziplinen einbindet und somit eine ‚Querschnittsdisziplin' durch die einzelnen Fächer bilden würde[32].

Ein erster Schritt zur Vernetzung der verschiedenen wissenschaftlichen Disziplinen, die sich mit dem Tourismus befassen, war die Gründung der „Deutschen Gesellschaft für Tourismuswissenschaft e. V.", die sich als „wissenschaftliche Vereinigung von Vertretern der Universitäten und Fachhochschulen mit touristischen Schwerpunktbildungen sowie weiterer tourismuswissenschaftlicher Institutionen und Organisationen" versteht. Diese Vereinigung hat sich u. a. zum Ziel gesetzt, eine interdisziplinäre, wissenschaftliche Auseinandersetzung mit dem Phänomen Tourismus und eine touristische Aus- und Weiterbildung zu fördern und Seminare und Tagungen zu veranstalten.[33]

Weltweit existiert eine „Vereinigung der wissenschaftlichen Experten des Fremdenverkehrs" (AIEST)[34], die darum bemüht ist, eine einheitliche, weltweite Tourismusforschung zu fördern.[35]

Die AIEST wurde 1951 unter besonderer Initiative von Walter Hunziker und Kurt Krapf gegründet und besteht aus ca. 400 Mitgliedern aus 50 Ländern, die sich u. a. zur Aufgabe gesetzt haben, „neue touristische Entwicklungen frühzeitig zu erkennen und vorausschauende Lösungen anzubieten"[36]. Auf den jährlich stattfindenden Kongressen werden verschiedenen Themen des Tourismus vor einem breiteren Publikum aus Wirtschaft, Behörden und

---

[30] Vgl. Opaschowski, 1996, S. 56-57.
[31] Freyer, 2001, S. 61.
[32] Freyer, 2001, S. 31.
[33] Vgl. Deutsche Gesellschaft für Tourismuswissenschaft e. V. „Ziele". < http://www.dgt.de/> (13.03.03).
[34] AIEST bedeutet "Association Internationale d`Experts Scientifiques du Tourisme".
[35] Vgl. Freyer, 1997, S. 218.
[36] Institut für öffentliche Dienstleistungen und Tourismus. „Association Internationale d'Experts Scientifiques du Tourisme".
<http://www.idt.unisg.ch/org/idt/main.nsf/3740383e39272e4441256c6a002d1251/43c6ad04e4b32713c1256c6a0
050c67c?OpenDocument> (18.04.03).

Wissenschaft behandelt. So wird beispielsweise der 53. AIEST-Kongress in diesem Jahr in Athen zwischen dem 7. bis 11. September unter dem Thema „Sport und Tourismus" stattfinden.[37]

Einen Schritt, eine ganzheitliche Tourismustheorie zu entwickeln, stellt das Modell von Freyer dar, der sechs Bereiche, die er als „Module" bezeichnet, unterscheidet. Sein Modell umfasst das Ökonomie-, Gesellschafts-, Umwelt-, Freizeit-, Individual- und Politikmodul, wobei er keinen Anspruch auf Vollständigkeit erhebt, da das Modell „leicht um juristische, geographische, raumplanerische, pädagogische, historische, architektonische, medizinische und weitere Module ergänzt werden" könnte[38]. Da Freyer weitgehend die geographische Tourismusforschung auslässt, wird im weiteren nicht näher auf dieses Modell eingegangen.

Aufgrund der Tatsache, dass es bis jetzt noch keine ganzheitliche Tourismustheorie gibt und die Fragestellungen des Fremdenverkehrs innerhalb der Teildisziplinen der einzelnen Wissenschaften thematisiert werden, wird des weiteren näher auf einige wissenschaftliche Disziplinen eingegangen, die sich mit dem Phänomen „Tourismus" befassen: So beschäftigt sich die Soziologie beispielsweise schwerpunktmäßig mit den sozialen und gesellschaftlichen Dimensionen des Tourismus, die Wirtschaftswissenschaften mit den ökonomischen Gesichtspunkten. Die Psychologie fragt hauptsächlich nach den Motiven des Reisens.

Im folgenden soll kurz auf die geschichtliche Entwicklung der Tourismusforschung innerhalb der einzelnen Wissenschaften eingegangen werden.

Durch Stradner (1905) wurden erstmals Untersuchungen zu der ökonomischen Dimension des Tourismus durchgeführt, gefolgt von Guyer-Freuler (1905) und Schullern zu Schrattenhofen (1911).

In den 50er Jahren beschäftigten sich Bernecker, Hunziker und Krapf mit dem Wiederaufleben des Tourismus nach dem 2. Weltkrieg und entwickelten eine wissenschaftlich fundierte Tourismusforschung innerhalb der Wirtschaftswissenschaften.

Innerhalb der Tourismusforschung in der Medizin ist Karl Behm (1924) zu nennen, der sich intensiv mit dem Wunsch des Menschen nach Erholung und nach Urlaub auseinandersetzte.

---

[37] Vgl. AIEST. „Informationen zum Kongreß"
<http://www.aiest.org/org/idt/idt_aiest.nsf/de/AFE3689530F5C6C7C1256CCD002AAD56?OpenDocument>
(18.04.03).
[38] Freyer, 2001, S. 31.

Hittmair kam im Jahr 1957 anhand von Nachforschungen zu dem Schluss, dass der Mensch erst nach drei Wochen Urlaub anfängt, sich zu erholen.

Die verschiedenen Forschungsansätze der medizinischen Wissenschaft werden von Mundt und Lohmann (1988) ausführlich dargestellt und vor allem die Versuche, den Zeitpunkt zu finden, ab wann die Erholung einsetzt, kritisiert.

Ein wichtiger Vertreter innerhalb der psychologischen Tourismusforschung ist Hahn, der sich seit den 50er und 60er Jahren intensiv mit den Motiven der Reisenden auseinandersetzte. Er zeigt auf, warum beispielsweise Menschen sich Urlaub wünschen und welche Beweggründe sie bei der Wahl des Zielortes hatten. Die Psychologie befasst sich zudem mit dem Verhalten der Urlauber am Urlaubsort und entwickelt Modelle von unterschiedlichen Typen des Tourismus.

Knebel (1960) beschäftigte sich erstmals intensiv mit dem Tourismus aus der soziologischen Perspektive, indem er empirische Untersuchungen u. a. in Form von Befragungen in den Urlaubsorten durchführte und die gesellschaftlichen Voraussetzungen und Auswirkungen des Tourismus aufzeigte.

Innerhalb der soziologischen Forschungsliteratur zum Tourismus wird oftmals bemängelt, dass die Tourismusforschung zu wenig theorieorientiert sei.
Der Soziologe Vester (1999) versucht deshalb, die klassischen soziologischen Theorien – angefangen bei dem handlungstheoretischen Ansatz von Max Weber bis hin zur Systemtheorie Talcott Parsons – auf das Phänomen Tourismus anzuwenden, um so zu einer eigenen Tourismustheorie zu gelangen.[39]
Innerhalb der Geschichtswissenschaft setzen sich Historiker seit den 80er Jahren mit der Geschichte des Fremdenverkehrs auseinander, um beispielsweise gegenwärtige Entwicklungen besser in den gesamthistorischen Kontext einordnen und verstehen zu können.

Zu Beginn des 20. Jahrhunderts begann die Auseinadersetzung mit dem Phänomen Tourismus aus geographischer Perspektive zunächst durch die Erforschung des Verhältnisses des Raumes zum Fremdenverkehr, wofür Sputz (1919) stellvertretend genannt werden soll.

---

[39] Vgl zu näheren Angaben Vester, 1998, S. 67-73 und das 1999 erschienene Buch *Tourismustheorie* von Heinz-Günter Vester.

Im Jahr 1928 verfasste Grünthal einen Aufsatz, indem er eine Einordnung des Fremdenverkehrs innerhalb der Geographie vornahm und die natürlichen Voraussetzungen der Erde in Bezug zum Fremdenverkehr setzte. Dabei ging er näher auf die geologischen, orographischen, hydrographischen, klimatischen Bedingungen eines Standortes ein. Zudem beschäftigte er sich mit der Pflanzen- und Tierwelt, der Siedlungsstruktur, der Kultur des Menschen und der wirtschaftlichen Struktur eines Raumes und deren Auswirkung auf den Fremdenverkehr.

Posers (1939) geographische Analyse des Fremdenverkehrs im Riesengebirge, insbesondere der unterschiedlichen Arten des Fremdenverkehrs in diesem Raum, können als richtunggebend für die folgenden fremdenverkehrsgeographischen Forschungen angesehen werden.[40]

In den Jahren zwischen 1939 und 1955 rückten fremdenverkehrsgeographische Themen innerhalb der Geographie eher in den Hintergrund. Erst mit Christaller (1955) lebten die Forschungen innerhalb der Fremdenverkehrsgeographie wieder auf. Er erweiterte die Forschungen Grünthals, in dem er die unterschiedlichen Standorte des Fremdenverkehrs in 12 Standortfaktoren aufteilte, wozu z. B. die klimatischen Bedingungen, die landschaftlichen Voraussetzungen, die Möglichkeiten zum Sport oder kulturelle Einrichtungen gehören.[41]

In den 60er Jahren wurde die Erforschung des Fremdenverkehrs innerhalb der Geographie durch den Aspekt des Freizeitverhaltens bereichert, so dass von nun an nicht nur der Fremdenverkehrsraum näher beleuchtet wurde, sondern auch die Wohnumgebung und der Naherholungsraum mit in die Fremdenverkehrsforschung einfloss.[42]

Die fremdenverkehrsgeographischen Forschungen wurden in dieser Zeit auch von Strzygowski vorangetrieben, der den Skitourismus aus geographischer Sicht genauer untersuchte.

Die darauffolgende Zeit bis in die 70er Jahre war durch Analyse und Bewertung der Landschaften gekennzeichnet.

---

[40] Vgl. Bernecker, 1984, S. 46.
[41] Vgl. Christaller, 1984, S. 158-159.
[42] Vgl. Wolf/Jurczek, 1986, S. 28.

Seit den 80er Jahren beschäftigen sich Geographen zunehmend mit der Entwicklung eines ökologisch vertretbaren Tourismus unter Einbeziehung naturgeographischer und kulturgeographischer Gegebenheiten, wobei Aspekte der psychologischen, wirtschaftlichen und soziologischen Forschung berücksichtigt werden.

Neben der Tourismustheorie existiert innerhalb der wissenschaftlichen Auseinandersetzung mit dem Tourismus auch die Tourismuskritik.

Der Soziologe Vester beschreibt das Verhältnis von Tourismustheorie und Tourismuskritik als ein unausgewogenes, da „mitunter Tourismuskritik als Theorieersatz herhalten muß"[43].

Opaschowski zeigt auf, dass die Kritik am Tourismus, insbesondere am Pauschal- und Massentourismus, sich bisher meist nur in den Köpfen abspielte und es noch keine adäquate Umsetzung in die Praxis gebe. Die Kritiker wollten seiner Ansicht nach einen bewusst reisenden und aufgeklärten Touristen schaffen, der sich am Ende aber nicht viel von einem Massentouristen unterscheide, da er „das Gleiche nur mit einem anderen Bewusstsein macht"[44].

Der Wegbereiter der modernen Tourismuskritik, die sich Mitte des 20. Jahrhunderts als eine Form der Kulturkritik verstand, war Hans Magnus Enzensberger. Er zeigt auf, dass insbesondere die Massentourismusbewegung eine Flucht aus der Realität und eine Kritik an der bestehenden Gesellschaft sei.

Der Soziologe Knebel entwarf in dieser Zeit eine Theorie des Tourismus aus der Sichtweise der Soziologie und kritisierte „den Touristen", den er als den erobernden und besetzenden Menschen der einheimischen Kultur beschreibt.

Diese beiden genannten Kritiker des Tourismus stehen stellvertretend für eine Tourismuskritik der Privilegierten da, die eigentlich eine Kritik an der bestehenden Gesellschaftsform war und sich auf einer hohen intellektuellen Ebene abspielte. Die Kritiker stellten die Berechtigung der Touristen zum Reisen in Frage, setzten Reisen mit einer modernen Art der Kolonialisierung gleich und kritisierten die Ursachen für den Massentourismus, die ihrer Meinung nach in den zunehmend „automatisierten, sinnentleerten,

---

[43] Vester, 1999, S. 8.
[44] Opaschowski, 1996, S. 41.

unmenschlichen und ungerechten Arbeits- und Lebensbedingungen der heutigen Industrienationen" zu finden seien[45].

Seit den 80er Jahren entwickelte sich eine Tourismuskritik, die nach Aussage von Opaschowski realitätsnäher sei und nach den Folgen des Massentourismus auf die Umwelt- und die sozialen Strukturen frage. Diese Art von Kritik legt den Schwerpunkt nicht so sehr auf den Touristen an sich, sondern auf die Auswirkungen des Touristen auf die Bevölkerung und die Landschaft des bereisten Landes, woraus wiederum Rückschlüsse auf den Touristen gemacht werden, der beispielsweise ein rücksichtvolleres, anpassungswilliges Bewusstsein entwickeln muss.[46]

Neuerdings versuchen Tourismustheoretiker, die bestehenden Vorurteile gegenüber „dem Touristen" abzubauen und die Zukunft eines sozial- und ökologisch verträglichen Tourismus in den Vordergrund zu stellen. Obwohl schon Jungck (1980) ein Konzept des „Sanften Reisens" entwickelte, hat diese Form des ökologischvertretbaren Tourismus erst in den letzten Jahren vermehrt Anklang gefunden. Freyer beschreibt das Konzept des „engen" „Sanften Reisens" als einen sanften, stillen, umweltverträglichen, naturnahen, sozialen, soziokulturell verträglichen, motorlosen oder angepassten Tourismus. Unter einem „weiten" „Sanften Tourismus" versteht Freyer auch das Einbeziehen der sozialen und ökonomischen Komponente neben der ökologischen.[47]

Weitere Informationen zu diesem Thema finden Sie in: „Tourismus in Namibia" von Cornelia Haldenwang.

ISBN: 978-3-638-01312-3

http://www.grin.com/de/e-book/87147/

---

[45] Freyer, 2001, S. 381.
[46] Vgl. Opaschowski, 1996, S. 41- 48.
[47] Vgl. Freyer, 2001, S. 389-390.

Literaturverzeichnis (inklusive weiterführender Literatur)

African Special Tours (AST): „Afrika`03". 2003, S. 50.

Africandesk. „Ein Spaß im Stehen oder Liegen". <http://www.africandesk.com/de/duneboarding.htm> (06.06.03).

Africandesk. „Township Touren". <http://www.africandesk.com/de/township.html> (05.06.03).

Agri-Tourism, Alphabetical Listing of Guest Houses and Game Farms in Namibia. <http://www.agrinamibia.com.na/GuestFarms> (16.05.03).

AIEST. „Informationen zum Kongreß". <http://www.aiest.org/org/idt/idt_aiest.nsf/de/AFE3689530F5C6C7C1256CCD002AAD56?OpenDocument> (18.04.03).

Air Namibia. 2003. „News. Re-commissioning of the Boeing 747-400 combi". <http://www.airnamibia.com.na/news.htm> (21.03.03).

Allgemeine Zeitung (Hg.). „Tumorpatienten aus Deutschland finden in Namibia wieder zu sich selbst". *Allgemeine Zeitung online*, 09.05.2003. <http://www.az.com.na/az/artikel/az-artikel.php4?rubrik=lokales&artikelnummer=2227> (10.05.03).

Allgemeine Zeitung (Hg.): „Swakopmund ist fast ausgebucht". *Allgemeine Zeitung online*, 20.12.2000. <http://www.az.com.na/az/artikel/az-artikel.php4?rubrik=lokales&artikelnummer=74> (07.06.03).

Auswärtiges Amt. „Namibia. Wirtschaft". <http://www.auswaertiges-amt.de/www/de/laenderinfos/laender/laender_ausgabe_html?type_id=12&land_id=118> (16.03.03).

Bank of Namibia. "Opening Address by Mr T K Alweendo, Governor, Bank of Namibia, at The Hospitality Association of Namibia Congress, 10th June1999."<http://www.bon.com.na/speeches/hospitality%20assoc%20congress.htm> (04.05.03).

Bartlett, Des and Jen: „Family Life of Lions". *National Geographic*, December 1982, S. 800-819.

Becker, Christoph u. a.: *Tourismus und nachhaltige Entwicklung. Grundlagen und praktische Ansätze für den mitteleuropäischen Raum.* Darmstadt: Wissenschaftliche Buchgesellschaft, 1996.

Benthien, Bruno: *Geographie der Erholung und des Tourismus.* Gotha: Justus Perthes Verlag, 1997.

Bernecker, Paul: *Geographie und Fremdenverkehr.* S. 42-47. In: Hofmeister, Burkhard; Steinecke, Albrecht (Hg.): *Geographie des Freizeit- und Fremdenverkehrs.* Darmstadt: Wissenschaftliche Buchgesellschaft, 1984 (*Wege der Forschung*, Bd. 592).

Borowski, Barbara: *.BaedekerAllianz Reiseführer. Namibia.* Ostfildern: Karl Baedeker GmbH, ²2000.

Boudon, Barbara: *Namibia. Genussreise und Rezepte.* Weil der Stadt: Walter Hädecke Verlag, 2001.

Buch, Manfred W.: *Klima und Boden als limitierende Faktoren landwirtschaftlicher Nutzung in Namibia.* S. 139-172. In: Lamping, Heinrich; Jäschke, Uwe (Hg.): *Föderative Raumstrukturen und wirtschaftliche Entwicklungen in Namibia.* Frankfurt/Main: Selbstverlag des Institutes für Wirtschafts- und Sozialgeographie, 1993 (*Frankfurter Wirtschafts- und Sozialgeographische Schriften*, Heft 64).

Bundesverband des deutschen Fischgroßhandels e.V. <http://www.fischgrosshandel.org/presse/fischtafel7.pdf> (12.03.03).

Chadwick, Douglas H.; Bartlett, Des and Jen: „Etosha: Namibia's Kingdom of Animals". *National Geographic*, March 1983, S. 344-385.

Christaller, Walter: *Beiträge zu einer Geographie des Fremdenverkehrs*. S. 156-169. In: Hofmeister, Burkhard; Steinecke, Albrecht (Hg.): *Geographie des Freizeit- und Fremdenverkehrs*. Darmstadt: Wissenschaftliche Buchgesellschaft, 1984 (*Wege der Forschung*, Bd. 592).

COFAD GmbH. „Technische Zusammenarbeit mit Namibia in Fischerei und mariner Umweltforschung". <http://www.cofad.de/namibia_d.htm> (12.03.03).

Dahle, Wendula; Leyerer, Wolfgang: *Namibia. Edition Erde Reiseführer*. Bremen: Edition Temmen, 2001.

Davidson, Andee: „Tourism Planning in the North-West – an opportunity für positive change!". *Travel News Namibia*, Dezember 2002-Januar 2003, S. 29.

Der Tour: „Südliches Afrika", 2002/2003, S. 78-79.

Desert Explorers. „Skydiving". <http://swakop.com/ADV/skydiving.htm> (06.06.03).

Desert Express. 2003.„Namibia`s unique rail experiences". <http://www.desertexpress.com.na/main.htm> (19.03.03).

Deutsch Namibische Gesellschaft e.V. „Das Südwesterlied". <http://www.dngev.de/gesell/land/lexikon/s/südwest.htm> (30.11.02).

Deutsch Namibische Gesellschaft e.V. „Nationalhymne" <http://www.dngev.de/gesell/land/lexikon/h/hymne.jpg> (30.11.02).

Deutsche Gesellschaft für Tourismuswissenschaft e. V. „Ziele". <http://www.dgt.de/> (13.03.03).

Die Zeit. „Zeit-Reisen. Namibia auf neuen Wegen". <http://reisebeilage.zeit.de/zeitreisen/namibia/index_html> (08.06.03).

Dierks, Klaus. „Namibias Schienenverkehr zwischen Aufbau und Rückgang". <http://www.klausdierks.com/frontpage.html> (19.03.03).

Dierks, Klaus. 2001. "‖KHAUXA!NAS. Die Entdeckung der verlorenen Stadt der Kalahari". <http://www.klausdierks.com/frontpage.html.> (05.03.03).

Dierks, Klaus. 2001. „Pfade, Pads und Autobahnen. Verkehrswege erschließen ein menschenleeres Land." <http://www.klausdierks.com/Strassen/index.html> (18.03.03).

Dierks, Klaus. 2003. "Chronologie der namibischen Geschichte. Von der vorgeschichtlichen Zeit zur Unabhängigkeit und danach". <http://www.klausdierks.com/Geschichte/1.htm> (05.03.03).

Directorate of Environmental Affairs (DEA), Ministry of Environment and Tourism (MET), Namibia. „Atlas of Namibia, Tourist Accomodation". <http://www.dea.met.gov.na/data/Atlas/zip_files/Fig%205.34%20Tourism%20accommodatio n%20-%20database.zip> (02.05.03).

Djoser: „Reisen auf andere Art". 2003/2004, S. 64.

Dornseif, Golf. 18. Juli 1999. „Glanz und Elend der Diamanten-Pioniere". <http://www.traditionsverband.de/> (15.03.03).

Dr.Tigges: „Asien, Afrika, Amerika, Australien". 2002, S. 96.

Duenbostel, Jürgen: „Namibia nach der Unabhängigkeit. … ‚Ist das die Freiheit für die wir gekämpft haben?'. *Die Zeit*, 22.03.1991.

Erb, Elke: „Eine Kamelfarm bei Swakopmund". *Namibia Magazin* 3/2001, S. 24-25.

Etosha Fly-In Safaris. "Tägliche Pirschfahrten in den östlichen Teil des Etoscha Parks" <http://www.etosha.com/gamedr_g.htm> (10.05.03).

Explorer: „Fernreisen. Südliches Afrika". 2002, S. 44.

Fischer, Wolfgang. „Ombili und Buschmanntrail". <http://home.t-online.de/home/cwfischer/video.htm> (13.05.03).

Fischer, Wolfgang. „Ombili". <http://home.tonline.de/home/cwfischer/ombili.htm> (13.05.03).

Frandsen, Robin: *Map of Etosha*. Durban: Fishwick Printers. o. J. (hrsg. v. Honeyguide Publications).

Freyer, Walter: *Tourismus und Wissenschaft – Chance für den Wissenschaftsstandort Deutschland*. S. 218-237. In: Feldmann, Olaf (Hg.): *Tourismus – Chance für den Standort Deutschland*. Baden-Baden: Nomos Verlagsgesellschaft, 1997.

Freyer, Walter: *Tourismus. Einführung in die Fremdenverkehrsökonomie*. München/Wien: Oldenbourg Verlag, [7]2001 (hrsg. v. Freyer, Walter: *Lehr- und Handbücher zu Tourismus, Verkehr und Freizeit*).

Frömel, Susanne: „Heimatmelodien". *Die Zeit*, 29.08.2002, S. 51.

Gastro Facts online. „Ein Jahr nach dem 11. September". <http://www.gastrofacts.ch/news/branche/data/2002/09_02/september_2002_05.htm> (10.04.03).

Gebeco: „Südliches Afrika und Indischer Ozean". 2002/2003, S. 10.

Globales Lernen. „Dimensionen, Perspektiven und Wirkungen des Entwicklungsländer-Tourismus". <http://www.globales-lernen.de/Schwerpunkte/Reisen/kern1.htm> (13.03.03).

Goway. „Rail Experiences". <http://www.goway.com/africa/dune_express.html> (18.03.03).

Grill, Bartholomäus: „Die vergessene Epidemie". *Die Zeit*, 08.05.2003, S. 14.

Groth, Siegfried: *Namibische Passion. Tragik und Größe der namibischen Befreiungsbewegung*. Wuppertal: Peter Hammer Verlag, 1995.

Grünert, Nicole: *Namibias faszinierende Geologie. Ein Reisehandbuch*. Göttingen: Klaus Hess Verlag, [2]2000 [[1]1999].

Guerba: „Africa in close up". 2002/2003, S. 48.

Günter, Wolfgang: *Pädagogik zwischen Massentourismus und Bildungsreise. Zur Entwicklungs- und Problemgeschichte der Reisepädagogik*. S. 9-23. In: Isenberg, Wolfgang (Hg.): *Phänomen Tourismus. Interdisziplinäre Beiträge zur Erforschung des Reisens*. Bergisch Gladbach: Thomas-Morus-Akademie, 1998.

Hagen, Wally u. Horst: „Big five". *Terra*, 4/2002, S. 16-33.

Halbach, Axel J.: *Grundlagenstudie Namibia*. München: Dissertations- und Fotodruck Prank GmbH, 1989 (hrsg. v. Ifo-Institut für Wirtschaftsforschung: *Sektorstudie Tourismus. Struktur, Potential und Förderungsmöglichkeiten*, Bd. 12).

Hälbich, Edgar. „Swakop-Brücke ab heute wieder offen." *Allgemeine Zeitung online*, 06.12.2002. <http://www.az.com.na/az/index.html> (15.12.02).

Hälbich, Edgar. „Waterfront wird konkret". *Allgemeine Zeitung online*, 07.11.2002. <http://www.az.com.na/az/artikel/az-artikel.php4?rubrik=lokales&artikelnummer=1772> (06.06.03).

Hamilton III, William J.; Hughes, Carol and David: „The Living Sands of the Namib". *National Geographic*, September 1983, S. 364-377.

HAN - Hospitality Association of Namibia.<http://www.hannamibia.com> (16.05.03).

HAN. "About Han". <http://www.hannamibia.com/html/Han.php?mainid=1&subid=1> (02.05.03).

Harring, Sid. „Commentary on the Environmental Assessment Report of the Feasibility Study on the Proposed Lower Cunene Hydropower Scheme".<http://www.irn.org/programs/safrica/epupareview/social.html> (21.03.03).

Heine, Attila. „Infrastrukturen". <http://www.beepworld.de/members43/namibiadatenfakten/infrastrukturen.htm> (17.03.03).

Heinrich, Dirk. „Arroganz unerwünscht". *Allgemeine Zeitung online*, 02.05.2003. <http://www.az.com.na/az/artikel/az-artikel.php4?rubrik=lokales&artikelnummer=2212> (07.05.03).

Heinrich, Dirk. „Daberas Mine soll für zehn Jahre Diamanten liefern". *Allgemeine Zeitung online*, 03.06.2002. <http://www.az-namibia.de/artikel/az-artikel.php4?rubrik=wirtschaft&artikelnummer =487> (12.01.03).

Heinrich, Dirk. „Präsident jagt in Etoscha". *Allgemeine Zeitung online*, 20.12.2002. <http://www.az.com.na/az/artikel/az-artikel.php4?rubrik=lokales&artikelnummer=1910> (05.05.03).

Heinrich, Dirk. „Sauberkeit hat Priorität". *Allgemeine Zeitung online*, 12.12.2002. <http://www.az.com.na/az/artikel/az-artikel.php4?rubrik=lokales&artikelnummer=1889> (06.06.03).

Heinrich, Dirk. „Weltumwelttag gefeiert". *Allgemeine Zeitung online*, 06.06.2002. <http://www.az.com.na/az/index.html> (03.04.03).

Henkel, Michael (Hg.): „Weltweit … mit Freunden reisen …". *Henkalaya e. K.*, 2003, S. 81.

Heß, Klaus (Hg.): „Eine Idee setzt sich durch: Immer mehr Conservancies". *Namibia Magazin* 3/2001, S. 30.

Heß, Klaus (Hg.): „Geplante Hotelentwicklung am Diaz Point". *Namibia Magazin* 3/2001, S. 30.

Heß, Klaus (Hg.): „Straßennamen sorgen für Aufregung". *Namibia Magazin* 4/2001, S. 5.

Heussen, Sven. „Neuanfang für Air Namibia". *Allgemeine Zeitung online*, 17.01.2003. <http://www.az.com.na/az/index.html> (20.01.03).

Heussen, Sven. „Ramatex soll Hunger stillen". *Allgemeine Zeitung online*, 16.01.2002. <http://www.az.com.na/az/index.html> (17.03.03).

Heussen, Sven. „Späte Initiative". *Allgemeine Zeitung online*, 17.09.2002. <http://www.az-namibia.de/artikel/az-artikel.php4?rubrik=lokales&artikelnummer=1622> (05.02.03).

Heussen, Sven. „Stadtverwaltung warnt vor verdrecktem Wasser". *Allgemeine Zeiung online*, 10.01.2003. <http://www.az.com.na/az/index.html> (24.03.03).

Hodgson, Bryan; Brandenburg, Jim: „Namibia – Nearly a Nation". *National Geographic*, June 1982, S. 755-797.

Hoffmann, Giselher: „Brautschau". *Merian*, November/1997, S. 81-89.

Hoffmann, Ruth: „Schwarze Löcher über Afrika". *Die Zeit*, 03.04.2003, S. 30.

Hofmann, Eberhard. „Schwer belastet". *Allgemeine Zeitung online*, 15.01.2003. <http://www.az.com.na/az/index.html> (24.03.03).

Hofmann, Eberhard. „Shikongo nimmt Anlauf auf Qualität". *Allgemeine Zeitung online*, 19.06.2002. <http://www.az.com.na/az/artikel/az-artikel.php4?rubrik=lokales&artikelnummer=1315> (08.05.03).

Holm-Petersen, Erik: *Tourism in Namibia*. S. 92-94. In: Ministry of Environment and Tourism (Hg.): *Namibia Environment. Volume 1.* Windhoek: Gamsberg Macmillan Publishers, 1997.

Horenburg, Thorsten: *Tourismus in Namibia*. Köln: 1998.

Horizon. „Fish River Canyon. The sights". <http://www.horizon.fr/namibia/ainfofishriver.html> (20.05.03).

Hunziker, Walter: *Fremdenverkehr*. S. 48-62. In: Hofmeister, Burkhard; Steinecke, Albrecht (Hg.). *Geographie des Freizeit- und Fremdenverkehrs*. Darmstadt: Wissenschaftliche Buchgesellschaft, 1984 (*Wege der Forschung*, Bd. 592).

Hüser, Klaus u.a.: *Namibia. Eine Landschaftskinde in Bildern*. Göttingen: Klaus Hess Verlag, 2001.

ICL. Februar 1990. „Namibia Constitution". <http://www.oefre.unibe.ch/law/icl/wa00000_.html#A001_> (04.12.02).

Institut für öffentliche Dienstleistungen und Tourismus. „Association Internationale d'Experts Scientifiques du Tourisme". <http://www.idt.unisg.ch/org/idt/main.nsf/3740383e39272e4441256c6a002d1251/43c6ad04e4b327 13c1256c6a0050c67c?OpenDocument> (18.04.03).

Institute for Public Policy Research, Windhoek. „The IJG Business Climate Monitor für November 2002". <http.//www.ippr.org.na/BCM_Nov2002.htm> (08.05.03).

Intercape. „Routes". <http://www.intercape.co.za/> (18.03.03).

Iwanowski, Michael: *Namibia. Reise-Handbuch.* Dormagen: Iwanowski`s Reisebuchverlag, [20]2002.

Iwanowski's Reisen. "Etoscha National Park: Geführte Tagessafaris". <http://www.iwanowski.de/news/news_view.php3?action=view&nwid=212> (10.05.03).

Iwanowski's Reisen. „Etoscha: Neuer Zugang im Norden". <http://www.iwanowski.de/news/news_view.php3?action=view&nwid=281> (08.05.03).

Jacana Tours: „Südliches Afrika". 2002, S. 29.

Jäschke, Uwe: *Namibia. Map 2002.* Windhoek: Projects & Promotions. 2002.

Jenkins, Carson L.: *The Development of Tourism in Namibia.* S. 113-128. In: Dieke, Peter U.C. (Hg.): *The political economy of tourism in Africa.* New York/Sydney/Tokyo: Cognizant Communication Corporation, 2000.

Kainbacher, Paul: *Der Fremdenverkehr in Namibia und seine Entwicklungsmöglichkeiten.* Wien: 1995.

Kanzler, Sven-Eric: „Lüderitz poliert seine Juwelen". *Travel News Namibia. Deutsche Sonderausgabe,* Januar-Juni 2002, S. 12-13.

Kanzler, Sven-Eric: „Marsch gegen das Vergessen". *Travel News Namibia. Deutsche Sonderausgabe,* Januar-Juni 2002, S. 23.

Karawane Reisen: „Erlebnis Studienreise". 2003, S. 128-131.

Kashjuna Hunting Lodge. „Jagdmöglichkeiten auf der Kashjuna Hunting Lodge". <http://www.kashjuna-lodge.de/> (07.06.03).

Kaspar, Claude: *Die Tourismuslehre im Grundriss. St. Galler Beiträge zum Tourismus und zur Verkehrswirtschaft.* Bern/Stuttgart: Haupt Verlag, [4]1991. (*Reihe Tourismus*, Bd. 1).

Kenna, Constance (HG.). *Die „DDR_Kinder" von Namibia – Heimkehrer in ein fremdes Land.* Göttingen: Klaus Hess Verlag, 1999.

Kesselmann, Heiko: *Entwicklung und Umsetzung eines sanften Tourismus in Namibia, mit besonderer Berücksichtigung des Namib Rand Naturschutzgebietes.* S. 131-147. In: Kirstges, Torsten; Lück, Michael (Hg.): *Umweltverträglicher Tourismus. Fallstudien zur Entwicklung und Umsetzung Sanfter Tourismuskonzepte.* Meßkirch: Armin Gmeiner Verlag, 2001.

Klimm, Ernst u.a.: *Das südliche Afrika,* Bd. 2. *Namibia – Botswana.* Darmstadt: Wissenschaftliche Buchgesellschaft, 1994 (hrsg. v. Storkebaum, Werner: *Wissenschaftliche Länderkunden*, Bd. 39).

Kock, Claus: „Realitäten der Landfrage". *Allgemeine Zeitung,* 15.10.2002, S. 9.

Köthe, Friedrich; Schetar, Daniela: *Namibia.* München: Polyglott Verlag, 2001.

Kristallgalerie. <http://www.kristallgalerie.com/> (06.06.03).

La Rochelle. „Jagen auf La Rochelle". <http://www.la-rochelle-hunting-lodge.de/Frames/IndexlodgeFrame.htm> (07.06.03).

Ladmiral, Jean-René, Lipiansky, Edmond Marc: *Interkulturelle Kommunikation. Zur Dynamik mehrsprachiger Gruppen.* Frankfurt am Main: Campus Verlag GmbH, 2000 (hrsg. v. Nicklas, Hans: *Europäische Bibliothek interkultureller Studien.* Bd. 5).

Lamping, Heinrich: *Tourismusstrukturen in Namibia. Gästefarmen – Jagdfarmen – Lodges – Rastlager.* Frankfurt/Main: Selbstverlag des Institutes für Wirtschafts- und Sozialgeographie, 1996 (hrsg. v. Gruber, G. u. a.: *Frankfurter Wirtschafts- und Sozialgeographische Schriften,* Heft 69).

Lernidee: „Diamant Afrikas. Mit dem Sonderzug durch Südafrika und Namibia". 2002, S. 2; 39.

Leser, Hartmut: *Namibia.* Stuttgart: Ernst Klett Verlag, 1982.

LTU plus: „Wohltuend anders". 2002, S. 228.

Luft, Hartmut: *Grundlegende Tourismusbetriebslehre.* Limburgerhof: FBV-Medien-Verlags GmbH, 1996.

Martin, Henno: *Wenn es Krieg gibt, gehen wir in die Wüste.* Fulda: Two Books, ²2002 [¹2001].

Maßmann, Ursula: *Swakopmund. Eine kleine Chronik.* Swakopmund: Gesellschaft für Wissenschaftliche Entwicklung, ⁵1998 [¹1982].

Meet-Namibia. „15.11.02. Namutoni – Tsintsabis – Muramba Bushman". <http://www.meet-namibia.7to.de/namibia2002_3.htm> (13.05.03).

Meiers`s Weltreisen: „Afrika. Indischer Ozean, Orient". 2003, S. 136; 150-155.

Merkel, Angela: *„Nachhaltiger Tourismus" – Herausforderung und Zukunftschance.* S. 178-186. In: Feldmann, Olaf (Hg.): *Tourismus – Chance für den Standort Deutschland.* Baden-Baden: Nomos Verlagsgesellschaft, 1997.

Metzger, Fritz: *Wassererschließung in Namibia.* Windhoek: Namibia Wissenschaftliche Gesellschaft, 1998.

Ministerium für Schule, Wissenschaft und Forschung des Landes Nordrhein-Westfalen (Hg.): *Grundschule. Richtlinien und Lehrpläne.* Frechen: Ritterbach Verlag GmbH, 1985.

Ministry of Environment and Tourism, Directorate of Environmental Affairs. „SOER Socio-Economic Balance Sheet 1998". <http://www.dea.met.gov.na/data/publications/reports/soesoec1.pdf> (06.05.03).

Ministry of Environment and Tourism. "Fish River Canyon". <http://www.horizon.fr/namibia/ainfofishriver.html> (20.03.03).

Ministry of Environment and Tourism. „Sea temperatures. Swakopmund". <http://www.dea.met.gov.na/data/Atlas/zip_files/Sea%20temperatures%20at%20Swakopmun d.zip> (06.05.03).

Ministry of Fisheries and Marine Resources. „Employment". <http://www.mfmr.gov.na/fishing industry/statistics/employment.htm> (12.03.03).

Mola Mola. „Dolphin & Seal Cruises". <http://www.mola-mola.com.na> (12.02.03).

Morris, Dave; Klein, Claudia (Hg.): *Southern African. Where to stay. Namibia, South Africa, Zimbabwe, Zambia and Botswana.* Cape Town/Windhoek: Colourgem Publications, 2002 b (hrsg. v. *Colourgem. Effective Tourism Promotion*).

Morris, Dave; Klein, Claudia (Hg.): *Walvis Bay. Namibia's gateway to trade and tourism.* Windhoek: Colourgem Publications, 2002 a (hrsg. v. *Colourgem. Effective Tourism Promotion*).

Mousebird Backpackers und Safaris. "Sightseeing – Der Hoba Meteorit". <http://www.mousebird.de/meteorit.html> (13.05.03).

Mundt, Jörn W.: *Einführung in den Tourismus.* München/Wien: Oldenbourg Verlag, ²2001.

Nachtwei, Winfried: *Namibia. Von der antikolonialen Revolte zum nationalen Befreiungskampf.* Mannheim: Jürgen Sendler Verlag, 1976 (*Nationale Befreiung,* Bd.7).

NACOBTA. 2001. „Verband namibischer Gemeinden zur Gründung tourismus-orientierter Unternehmen". <http://www.nacobta.com.na/ge/Index.htm> (02.05.03).

Namib Sun Hotels. „Specials. For South African citizens and Permanet Residents". <http://www.namibsunhotels.com.na/english/e_main.htm> (15.05.03).

Namib Web. 1998. „Kristall Kellerei winery in Omaruru". <http://www.namibweb.com/winery.htm> (13.03.03).

Namibfun. „Event Archives". <http://www.namibfun.com.na/event.php> (05.06.03).

Namibia Tourism Board (Hg.): "Namibia. Land der Kontraste". *Land of Contrasts,* 2003, S. 1-22.

Namibia Tourism Board (Hg.): *Namibia. Schauspiel der Natur.* Frankfurt/Main: Bresink Eckert Wenz Werbeagentur GmbH, 2002.

Namibia Tourism Board (Hg.): *Willkommen in Namibia. Amtlicher Reiseführer 2003.* Windhoek: Solitaire Press, 2003.

Namibia Tourism Board (Hg.): *Willkommen in Namibia. Touristen Beherbergungs- und Onformationsführer 2002.* Windhoek: Solitaire Press, 2002.

Namibia Tourism Board. „Namibia – Zauber der Natur". <http://www.namibia-tourism.com/reitipps/geologie.htm> (27.01.03).

Namibia Tourism. Board Frankfurt. 2003. „Flughafen". <http://www.namibia-tourism.com/gzw-a-z/a-z_flughafen.htm> (21.03.03).

Namibia Tourismus Informations System. <http://www.ntis-online.com> (16.05.03).

Namibia Trade Directory. 2000. „Physical infrastructure." <http://www.tradedirectory.com.na/info.php?mode=single&entryid=394> (19.03.03).

Namibia Travel Online. <http://www.natron.net> (16.05.03).

Namibia-Camping. <http://www.thomasrichter.de/namibia> (16.05.03).

Namibiareservations. „Top 5 Namibia Wildlife Resorts". <http://www.namibiareservations.com/namibiawildliferesorts.html> (08.05.03).

Namibiatouristik. „Brandungsangeln an Namibias Küste". <http://www.namibiatouristik.de/4/4_5.html> (06.06.03).

Namibweb.com - The Online Guide to Namibia. <http://www.namibweb.com> (16.05.03).

Natron Net. „Aktiv sein im Land der Kontraste – Golfen". <http://www.natron.net/best-travel/golf.html> (06.06.03).

NIED. „General Information on NIED". <http://www.nied.edu.na/nied/geninfo.htm> (25.03.03).

Noack, Hans-Christoph: „Urlaub in der Krise". *FAZ,* 08.03.2003, S. 1.

Noczil, Birgit. „Konfrontation bleibt aus". *Allgemeine Zeitung online,* 27.11.2002. <http://www.az.com.na/az/artikel/az-artikel.php4?rubrik=lokales&artikelnummer=1834> (11.05.03).

Noczil, Birgit. „Streit um Safari-Konzession in Nationalpark". *Allgemeine Zeitung online,* 26.11.2002. <http://www.az.com.na/az/artikel/az-artikel.php4?rubrik=lokales&artikelnummer=1831> (11.05.03).

Noczil, Birgit. „Studie zu Popa-Kraftwek im Juni beendet". *Allgemeine Zeitung online*, 07.02.2003. <http://www.az.com.na/az/index.html> (24.03.03).

Nuhn, Walter: *Feind überall. Der große Nama-Aufstand (Hottentottenaufstand) 1904-1908 in Deutsch-Südwestafrika (Namibia). Der erste Partisanenkrieg in der Geschichte der deutschen Armee.* Bonn: Bernard & Graefe Verlag, 2000.

Okalele´s Afrika-Portal, Namibia. <http://www.okalele.de/afrikaportal/namibia/namibia.htm> (16.05.03).

Okambara Game Ranch. „Wein aus Namibia: Die Kristall Kellerei in Omaruru". <http://www.okambara.de/1.k35_main.htm> (11.03.03).

Opaschowski, Horst W.: *Tourismus. Systematische Einführung – Analysen und Prognosen.* Opladen: Leske und Budrich, 1996 (*Freizeit- und Tourismusstudien*, Bd. 3).

Pack, Livia u. Peter: *Travel Handbuch Namibia.* Berlin: Stefan Loose Verlag, 2002.

Peace Parks Foundation. „Profile.Objectives". <http://www.peaceparks.org/> (06.06.03).

Petersen, Elisabeth: *Namibia.* Köln: Vista Point Verlag, ²1999.

Pleasureflights. „Namibia Air Charter Flights". <http://www.pleasureflights.com.na> (05.06.03).

Pro Wildlife: „Elefanten erneut im Visier der Jäger". <http://www.prowildlife.de/Projekte/Elefanten/Elfenbein.html> (15.03.03).

Radio Kudu. <http://www.radiokudu.com.na/> (21.03.03).

Reit Safari. „Reitsafari in Namibia". <http://www.reitsafari.com/haupt.htm> (07.06.03).

Reservations Africa. „Epacho Game Lodge und Spa". <http://resafrica.net/epacha-game-lodge.de/> (08.05.03).

Rhein-Zeitung online. „Entsetzen bei Tierschützern – Jubel in Japan". <http://rhein-zeitung.de/old/97/06/21/topnews/elfenbein.html> (15.03.03).

Ritz Desert Lodge. "Accommodation – our guestrooms with views into Namibia's famous desert". <http://www.desertlodge.web.na/accommodation.htm> (06.06.03).

Rössing Uranium Mine. „Social, environmental and statistical report 2001". <http://www.rossing.com/reports/se1_10.pdf> <http://www.rossing.com/reports/se11_22.pdf> (16.03.03).

Rotel Tours: „Das Rollende Hotel". 2003, S. 57.

Rumpf, Hanno: *Facts and Figures. Die EG-Tourismus-Studie über Namibia und die Ziele der namibischen Regierung.* S. 5-20. In: Lamping, Heinrich; Jäschke, Uwe (Hg.): *Namibia – Perspektiven und Grenzen einer touristischen Erschließung.* Frankfurt/Main: Selbstverlag des Institutes für Wirtschafts- und Sozialgeographie, 1994 (*Frankfurter Wirtschafts- und Sozialgeographische Schriften*, Heft 66).

SAFRI. „Engagement lohnt sich – politisch, wirtschaftlich und menschlich". <http://www.safri.de/frame_german.asp> (02.05.03).

SAFRI. „SAFRI stellt Tourismus-Studie vor". <http://www.safri.de/tourism_a_german.html> (02.05.03).

Schalkwyk van, Paul (Hg.): „Hotel school in Swakop". *Travel News Namibia*, Dezember 2002 - Januar 2003, S. 6.

Schalkwyk van, Paul (Hg.): „Wichtige Reiseziele in Namibia". *Travel News Namibia*, Januar-Juni 2002, S. 4.

Schalkwyk van, Paul (Hg.): *Namibia. Holiday and Travel. The official namibian tourism directory.* Windhoek: Venture Publications, 2003.

Schetar, Daniela; Köthe, Friedrich: „Hereroland. Reise durch die Buschsavanne der Herero". *HB Bildatlas Special. Namibia*, 61, S. 22-33.

Schetar, Daniela; Köthe, Friedrich: „Norden. Das schwarze, vitale Herz des Landes". *HB Bildatlas Special Namibia*, 61, S. 57-69.

Schetar, Daniela; Köthe, Friedrich: *Namibia. Handbuch für individuelles Reisen und Entdecken.* Markgröningen: Reise Know-How Verlag, ³2002 [¹1996].

Schillergymnasium Münster. „Das Schuldorf Baumgartsbrunn in Namibia". <http://www.muenster.de/~schiller/namibia/namibia_stiftung.html> (25.03.03).

Schmid-Pieters, Anita <core@mweb.com.na>. 18.08.02. „Namibia B&B Info" Persönliche E-Mail (19.08.02).

Schmidt-Lauber, Brigitta: *Weihnachten im Sommer: Zur Konstruktion deutscher Identität in Namibia.* Basel: BAB, 1998 (hrsg. v. *Basler Afrika Bibliographien*).

Schmitt, Wilfried, G. „Heilung durch Reisen". <http://www.selbstheilungskraefte.de/hdr.htm> (10.05.03).

Schneider, G.I.C.: *Bergbauliche Ressourcen und ihre Nutzungsmöglichkeiten.* S. 185-206. In: Lamping, Heinrich; Jäschke, Uwe (Hg.): *Föderative Raumstrukturen und wirtschaftliche Entwicklungen in Namibia.* Frankfurt/Main: Selbstverlag des Institutes für Wirtschafts- und Sozialgeographie, 1993 (*Frankfurter Wirtschafts- und Sozialgeographische Schriften*, Heft 64).

Schneider, G.I.C.; Schneider, M.B.: *Grundlagen zur geographischen und geologischen Ausgangssituation Südwestafrikas/Namibias.* S. 37-56. In: Lamping, Heinrich (Hg.): *Namibia. Ausgewählte Themen der Exkursion 1988.* Frankfurt/Main: Selbstverlag des Institutes für Wirtschafts- und Sozialgeographie, 1989 (*Frankfurter Wirtschafts- und Sozialgeographische Schriften*, Heft 53).

Schneider, Gabi: „The Petrified Forest". *Tourismus Namibia. Eine Beilage der Allgemeinen Zeitung,* Oktober 2001, S. 9.

Schönrock`s Weinexoten. „Unsere Weine aus Namibia". <http://www.weinexoten.de/Namibia.html#Namibia> (11.03.03).

Schreiber, Irmgard. „Jeder dritte ist arbeitslos". *Allgemeine Zeitung online,* 24.03.2003. <http://www.az.com.na/az/index.html> (24.03.03).

Schwarz, Birgit: „Vertreibung aus der Savanne". *Der Spiegel,* 45/2002, S. 152-155.

Seckelmann, Astrid: *Siedlungsentwicklung im unabhängigen Namibia. Transformationsprozesse in Klein- und Mittelzentren der Farmzone.* Hamburg: Institut für Afrikakunde, 2000 (*Hamburger Beiträge zur Afrika-Kunde,* Bd. 60).

Southern Africa Where to Stay. <http://www.wheretostayonline.com> (16.05.03).

Speich, Richard: *Tourismus in Namibia als Wirtschaftsfaktor und Grundlage wirtschaftsräumlicher Entwicklungen.* S. 61-74. In: Lamping, Heinrich; Jäschke, Uwe (Hg.): *Namibia – Perspektiven und Grenzen einer touristischen Erschließung.* Frankfurt/Main: Selbstverlag des Institutes für Wirtschafts- und Sozialgeographie, 1994 (*Frankfurter Wirtschafts- und Sozialgeographische Schriften,* Heft 66).

Spiegel online. „Jahrbuch 2003. Namibia". <http://www.spiegel.de/jahrbuch/0,1518,NAM,00.html> (15.03.03).

Springer, Dirk. „Tourismusindustrie weiterhin im Aufwind". *Allgemeine Zeitung online,* 20.11.2002. <http://www.az-namibia.com/az/artikel/az-…1.php4?rubrik=lokales&artikelnummer=1815> (25.11.02).

Springer, Marc. „Alarmierende Ernteprognose". *Allgemeine Zeitung online,* 04.04.2003. <http://www.az.com.na/az/index.html> (05.04.2003).

Springer, Marc. „Regierung lehnt angebotene Farmen ab". *Allgemeine Zeitung online*, 17.04.2003. <http://www.az.com.na/az/index.html> (17.04.03).

Stadtmüller, Carola. „Wissen ist nicht immer Macht". *Allgemeine Zeitung online*, 26.11.2002. <http://www.az.com.na/az/index.html> (15.02.03).

Statistisches Bundesamt. <http://www.destatis.de/cgi-bin/ausland_suche.pl> (03.12.02).

Statistisches Bundesamt/Eurostat (Hg.): *Länderbericht Namibia 1992*. Wiesbaden: Metzler u. Poeschel Verlag, 1992.

Südafrika Tours (SAA): „Das umfassende Reiseprogramm ins Südliche Afrika auf dem deutschen Markt". 2002, S. 90-92.

Sun Bay Cruise: „Reisen in seiner schönsten Form". 2002/2003, S. 28.

Sunvil Guide to Namibia. <http://www.sunvil.co.uk/africa/namibia/guidebook/intro.htm> (16.05.03).

TASA. 2001. „Who we are …". <http://www.tasa.na/main.htm> (02.05.03).

Ten Africa Tours. 2003. „Air Namibia mit Airbus statt boing". <http://www.tenafricatours.com/info/news/archiv/detail/index.php?newsid=51> (10.02.03).

Ten Africa Tours. 2003. „Endgültige Schließung des Eros Flughafens am 7. Februar". <http://www.tenafricatours.com/info/news/archiv/detail/index.php?newsid=58> (10.02.03).

Tenafricatours. „Dritter Etosha-Eingang eröffnet". <http://www.tenafricatours.com/info/news/archiv/detail/index.php?newsid=60> (05.02.03.).

Tenafricatours. „Verwirrung im und ums Sossusvlei". <http://www.tenafricatours.com/info/news/archiv/detail/index.php?newsid=68> (23.03.03).

The Bed & Breakfast Association of Namibia. <http://www.bed-breakfast-namibia.com/memberlist.html> (16.05.03).

The Namibia Economist. „Life after 11 September". <http://www.economist.com.na/2002/28june/05-28-18.html> (11.06.03).

The Namibian Connection, Accomodation Directory. <http://www.orusovo.com/accommodation/default.htm> (16.05.03).

The Namibian, Windhoek. "Tourism Industry 'Must Beef Up its Service'".<http://allafrica.com/stories/200305040006.html> (11.06.03).

The Namibian, Windhoek. „Tourism Industry 'Must Beef Up its Service'". <http://allafrica.com/stories/200305040006.html> (11.06.03).

The Republic of Namibia. „ Namibia in a Nutshell, Main Towns and Population Figures". <http://www.grnnet.gov.na/Nam_Nutshell/Land/Towns_Population.htm> (19.05.03).

Töpfer, Klaus: „Neue Wege gehen. Ein bewußter und nachhaltiger Umgang mit Energie tut not". *FAZ*, 02.04.2003, S. B1-B2.

TOURISTIK R.E.P.O.R.T. „Namibia renoviert seinen Tourismus." <http://www.touristikreport.de/archiv/tba/archiv/afrika/960761486327873536.html> (06.05.03).

Travel Beyond. 2003. „Shongololo Express Dates and Rates". <http://www.travelbeyond.com/trains/shongololo/dates-prices.htm> (18.03.03).

Trede, Christian. 2001. „Namibia: Wirtschaft". <http://www.namibia-online.de/de/namibia/de_nam_wir.htm> (16.03.03).

TUI: „Afrika". 2002/2003, S. 53.

Urban, Ilse: *Namibia – Land, Leute und Leben auf einer Farm*. Berlin: Frieling Verlag, 1996.

Vereinte Evangelische Mission. „Presse-Information. Die Kirchen in den Zeiten der AIDS-Pandemie. Fachtagung mit Podiumsdiskussion in Wuppertal." <http://www.vemission.org/index.html?/presse/pm2001/pm01-10-16.html> (02.04.03).

Vester, Heinz-Günter: *Jenseits der Erbsenzählerei. Der mögliche Beitrag der Soziologie zur Tourismusforschung.* S. 67-73. In: Isenberg, Wolfgang (Hg.): *Phänomen Tourismus. Interdisziplinäre Beiträge zur Erforschung des Reisens.* Bergisch Gladbach: Thomas-Morus-Akademie, 1998.

Vester, Heinz-Günter: *Tourismustheorie. Soziologische Wegweiser zum Verständnis touristischer Phänomene.* München/Wien: Profil-Verlag, 1999 (*Reihe Tourismuswissenschaftliche Manuskripte.* Bd. 6).

Vgl. Heussen, Sven. „Teure Lodge". *Allgemeine Zeitung online,* 08.07.2002. <http://www.az.com.na/az/artikel/az-artikel.php4?rubrik=wirtschaft&artikelnummer=531> (07.05.2003).

Vgl. Namibiareservations. "Top 15 viewed 2002". <http://www.namibiareservations.com/top15_2002d.html> (08.05.03).

Vista Verde News. „Überraschung: Konferenz lockert Verbot des Elfenbeinhandels – Wale geschützt". <http://www.vistaverde.de/news/Natur/0211/15_cites.htm> (15.03.03).

Vorlaufer, Karl: *Ferntourismus und Dritte Welt.* Frankfurt a. M.: Diesterweg, 1984 (hrsg. v. Karger, Adolf: *Studienbücher Geographie*).

Vries, Johannes Lucas de: *Namibia. Mission und Politik 1880-1918. Der Einfluß des deutschen Kolonialismus auf die Missionsarbeit der Rheinischen Missionsgesellschaft im früheren Deutsch-Südwestafrika.* Neukirchen-Vluyn: Neukirchener Verlag, 1980.

Walvis Bay Corridor Group. <http://www.wbcg.com.na/> (17.03.03).

Weber, Ingeborg; Wiebus, Hans-Otto: *Namibia.* Köln: DuMont Reiseverlag, ⁵2002.

Weck, Udo H.: *Tourismus Marketing aus namibischer Sicht.* S. 43-54. In: Lamping, Heinrich; Jäschke, Uwe (Hg.): *Namibia – Perspektiven und Grenzen einer touristischen Erschließung.* Frankfurt/Main: Selbstverlag des Institutes für Wirtschafts- und Sozialgeographie, 1994 (*Frankfurter Wirtschafts- und Sozialgeographische Schriften,* Heft 66).

Wolf, Klaus; Jurczek, Peter: *Geographie der Freizeit und des Tourismus.* Suttgart: Eugen Ulmer GmbH, 1986.

World Health Organization. „Selected health indicators fort his country". <http://www3.who.int/whosis/country/indicators.cfm?country=nam> (17.03.03).

World Health Organization. „WHO Estimates of Health Personnel Namibia". <http://www3.who.int/whosis/health_personnel/health_personnel.cfm> (17.03.03).

Zimmers, Barbara: *Geschichte und Entwicklung des Tourismus.* Trier: Selbstverlag der Geographischen Gesellschaft Trier, 1995. (hrsg. v. Becker, Christoph: *Trierer Tourismus Bibliographien,* Bd. 7).

BEI GRIN MACHT SICH IHR WISSEN BEZAHLT

- Wir veröffentlichen Ihre Hausarbeit,
  Bachelor- und Masterarbeit

- Ihr eigenes eBook und Buch -
  weltweit in allen wichtigen Shops

- Verdienen Sie an jedem Verkauf

Jetzt bei www.GRIN.com hochladen
und kostenlos publizieren